品德熏陶十观

朱展良 编著

中西書局

图书在版编目(CIP)数据

品德熏陶十观 / 朱展良编著. —上海：中西书局，2016.11
ISBN 978-7-5475-1177-0

Ⅰ.①品… Ⅱ.①朱… Ⅲ.①道德修养-中国-通俗读物 Ⅳ.①B825-49

中国版本图书馆CIP数据核字(2016)第243394号

品德熏陶十观
朱展良　编著

责任编辑	周春梅
装帧设计	梁业礼
出　　版	上海世纪出版集团 中西书局(www.zxpress.com.cn)
地　　址	上海市打浦路443号荣科大厦17F(200023)
发　　行	上海世纪出版股份有限公司发行中心
经　　销	各地新华书店
印　　刷	常熟市兴达印刷有限公司
开　　本	850×1168 毫米　1/32
印　　张	4.375
版　　次	2016年11月第1版　2016年11月第1次印刷
书　　号	ISBN 978-7-5475-1177-0／B·078
定　　价	30.00元

目 录

引 言

第一观 **文化观** / 5
　　　　文化观铭言 / 10
　　　　文化观四字训颂 / 15

第二观 **境界观** / 19
　　　　境界观铭言 / 24
　　　　境界观四字训颂 / 29

第三观 **人生观** / 31
　　　　人生观铭言 / 35
　　　　人生观四字训颂 / 40

第四观 **心灵观** / 43
　　　　心灵观铭言 / 50
　　　　心灵观四字训颂 / 54

第五观 **道德观** / 57
　　　　道德观铭言 / 62

道德观四字训颂 / 67

第六观　价值观 / 71
价值观铭言 / 75
价值观四字训颂 / 79

第七观　求是观 / 81
求是观铭言 / 85
求是观四字训颂 / 90

第八观　福乐观 / 93
福乐观铭言 / 97
福乐观四字训颂 / 101

第九观　平衡观 / 105
平衡观铭言 / 111
平衡观四字训颂 / 115

第十观　正负观 / 117
正负观铭言 / 122
做好正能量的人 / 125

坚持文化自信 / 128

结语一 / 134

结语二 / 135

引 言

品德者人之本，国之基。强国必以强德为前提。

真正认识和理解"品德"这个理念，一般说来，有一个渐进的过程，由浅入深，由一知半解到全面了解，由人云亦云到用心思考，由不自觉到自觉的过程。

随着社会和世事的发展变化，人的品德也会随着环境的变化出现情况各异的变化，现实给出了一个保证和坚持优秀品德的严峻课题。优秀品德亟须传承保全，发展创新，阻断品德的衰败恶化。

大量感性和理性现实昭示：品德的有效提高改善，重在熏陶和教育，重在生生不息的不懈努力，应作为一项列入议事日程的品德工程。

之所以称品德工程，缘于品德的历史渊源和现实状况考察，品德优化乃是一个煞费思考、很花力气的重大工程。"十年树木，百年树人"一语代代相因相传，特别是品德树人确是非百年大计、千年大计不为

功的永续常规大事。建好品德大厦，既要有根有基的基础建设，更要有高屋建瓴、科学缜密的规划。

经过进一步调查研究，系统分析，辩证思考，特别是面对品德缺损的现实，要寻根源，找成因，有针对性地提升品德之道。提升品德必须着眼于治本，悟出品德是每个人的终身大事，人要为自己的品德努力一辈子。提升品德，优化品德，必须把握根本，树建"十观"：

　　博大精深的文化观；

　　襟怀宽厚的境界观；

　　立意高洁的人生观；

　　涵养有素的心灵观；

　　永铭人间的道德观；

　　度量人生的价值观；

　　实事求是的求是观；

　　人生共求的福（幸福）乐（快乐）观；

　　敬畏有加的平衡观；

　　鉴识是非的正负观。

"十观"是正品德、反腐恶工程的重点内涵和思想基础，是品德熏陶的一个整体。具有多维联动、虚实结合、观观环通、互相呼应、互相强化、融会贯通、常态熏陶、持续终身的主旨。

根据提升品德、优化品德的现实，每一观都正面地、积极地、真情地提出有针对性的铭言和顺口易记的四字训颂，部分四字训颂在十观间重复出现，目的在于加强熟记效应、熏陶效应，有利于启示研究思考。

品德纯洁的要领在于着力持久的艰苦熏陶。遵循朱熹夫子"循序渐进，熟读精思，虚心涵泳，切己体察，着紧用力，居敬持志"的教育锦囊践行，深植细作，相信有了决心和恒心，功到自然成，日久必生情，品德大纯大洁终能实现，相信品德熏陶千钧力，足以改变人的心态，改变人生，强国强民。

全书以十观的多维结合和联动，以现实为张本的释义，以自撰的具针对性的铭言，以具历史传承特色的四字成语文化为训颂熏陶，可以认为是一项多层次体现品德励志，在广度、密度、强度等多方面的创造和创新。

第一观

文化观

第一观　文化观

文化是人类极高能量的资源。以文化人，以文化物，以文化天下。《易经》早就指出："观乎人文，以化成天下。"特别需要指出的是，称文化的限于正能量文化、优秀文化、有益文化。低下不雅、伤风败俗、作奸犯科的东西，不可以文化相称，不容玷污、损伤文化的严肃性、纯洁性。

作为博大精深、万宝全书的文化来说，哲学文化是文化大家庭中的核心文化，哲学是科学中的科学，是科学之母，是聪明学，是创造创新之源、人类社会发展进步之源。缺少哲学思考，危情不请自来。有一则国外的小故事：一位候选人作竞选演说表示，如果他当选的话，他许诺将为该地区居民搞来更多的钱。这时一位选民举手发言说："我们现在并不需要更多的钱，我要说的是关于孩子活动环境的事，就是今后还能不能让孩子们到海滩拾贝壳的事。"此言一出，静了一下，却引来了一些选民的掌声。这时那位候选人愣住了。选民们的发言简单而具体，事情看来很小，其实却寓民众关心、深含哲理的大事。选民期望的不在于钱，而在乎正在健康成长的生活文化。

文化的要领在于"化"。

文化之化重在传。文化是经历漫长历史时期人类生存、生活延续发展形成的制式、成就、机制、惯例和方法。其中有宏观的，更有大量有关微观的，包括衣、食、住、用、行以及天文、地理、风土人情、节令习俗等包罗万象的政治、经济、社会等所有方面的理论和实际，有的代代相传，有的历经充实、完善和更新，从而形成内容丰富绝伦的万宝全书文化。从中可以找到不少排难解困的启示和方法，更得以获知幸福快乐的心得。文化的精心传承当属文化的第一化。

文化之化重在人。"事在人为"，"要做事，先做人"，"人是成事之本"，"谋事在人，成事在天"，从各个视角，各种说辞，把人的积极作用特别是人的品德、人格作了无可争议的肯定。因为人是从文化环境中成长起来的，是经过文化洗礼的人，是经过文化教化的人，对人的洗礼和教化是文化的至高价值。文化化人自是理所当然、顺理成章的共识。

文化之化重在心。文以化人，实质在于化心。文

化是一门精深感人的大学问。南宋朱熹是我国历史上著名的思想家和教育家。朱熹学识渊博，热衷教育事业，以教化明人伦，崇品德，创办书院，因材施教，循序渐进，熟读精思熏陶温心，启人心智，感人心怀，扣人心弦，永葆心田。历经文化熏心，才是真实可靠的文化化人。

文化之化重在实。以文化人、以文化心最终理当化出大家看得见、摸得到、感得着的鲜活现实，个人举止、社会风尚显得更加文明净雅。据有关调研认为，就社会现实而言，最令人关注的文化化实主要是：

（一）廉洁奉公。知廉知耻，手脚干净，"不拿群众一针一线"，遵纪守法，秋毫无犯。

（二）尽心尽责。以焦裕禄为榜样，勇于负责，敢于担当，鞠躬尽瘁。

（三）匡扶正义。光明正大，一身正气，急公好义，古道热肠，仗义执言。

（四）有公信力。言而有信，言必信，行必果。知书达理，平易亲切。

文化之化重在新。持续完善、改革、发展、创新是文化的固有特质。文化在日日新、月月新中不停顿地发展出新的历史前进的固有规律。"九天揽月"、宇宙探索就是当代最具高度、难度的文化创新。就当今社会现实，亟须研发一批有针对性的新文化，诸如：利于保障安全的新文化，利于提高管理水准的新文化，利于精准协调水平的新文化，利于强化统筹能力的新文化，利于完善齐家伦理的新文化等等。

第一观 文化观

文化观铭言

● 文化与修身相伴，道德与生命共存。

● 素养卓越功在文化。

● 文化既有前锋价值，尤具后卫价值。

● 缺失文化熏陶的人，不是健全的人；缺失文化氛围的社会，必是荒蛮的社会。

● 坚守和强化文化基因，文化基因是鉴别是非、善恶、真伪、美丑、正邪的强大法宝和智慧锦囊。

● 文化是拨乱反正、纠校偏差、防止片面、端正方向、心地明亮的强大能量资源。

● 读好书，择良友，多交流，深思考，善鉴别，文化悄然得提高。

◉ 文化之要在于它是一切思想、行为的精神动力和行动指南。

◉ 文化的深意在"化",以文教化,以文化解,以文化顺,以文化新,以文化优,总括到一点,就是以文化人,以文化心。

◉ 古训嘉言,用心品赏,多是文化宝藏,至诚传承,国兴人旺。

◉ 文以载道称尊,文以真挚称贵。

◉ 以仁义礼智信为纲,以勤劳俭朴实为乐,以读书有心得为福。

◉ 运用哲学的解读,才是理性的解读,智慧的解读,全面的解读,深刻的解读。

◉ 多一些风趣幽默,少一些僵化教条。

◉ 留有余地,从容有序,显大气;满打满计,急于求成,太躁气。

◎ 先知先觉者大哲，后知后觉者后智，不知不觉者无智，屡教不知者逆智。

◎ 以文化为人生高师：文化使人达观、文明；文化使人高尚、明理；文化使人开阔、深邃；文化使人推陈、创新。

◎ 以文化力为国家、地区、社会、个人伦理品德的首要指标。

◎ 不遗余力发挥调动文化固有的感化力、熏陶力、思考力、传承力、权威力、创新力。

◎ 文化之国，文化治国，文化强国，政通人和，国泰民安。

◎ 文明乃文化之至要、至贵，举凡谈吐文明、言论文明、举止文明、姿态文明、交通文明、环境文明、礼尚文明、旅游文明、习俗文明、网络文明，文明牵动一切，关联人格国格，提高及强化文明，至重至要。

◎ 尊爱保全具有深厚底蕴、历经代代传承的中华传统文化。

◎ 尊爱保全具有国粹精髓、造就圣洁社稷的中华传统文化。

◎ 尊爱保全具有高度哲理、智慧贤人辈出的中华传统文化。

◎ 尊爱保全具有经得起历史考验，巍然屹立的中华传统文化。

◎ 尊爱保全具有当今现实社会重振优秀人文精神力量的中华传统文化。

◎ 尊爱保全业已取得国际共识、享有美誉、为世所重的中华传统文化。

◎ 一个人知道应该贤明地活着，就是最大的学问，是真有文化修养的人。

◎ 人的充实，不在于钱囊口袋，而在于有哲学文化思维的脑袋。

- **爱文化，善思维，增智慧，明哲理。**

- **情可无言喻，文期后世知。**

- **忠厚传家久，诗书继世长。**

文化观四字训颂

文化自信	以文化心
读书为乐	虚心求知
文以明志	求知若渴
文化陶冶	善学求进
问学求真	学高识广
识见宏通	博采众长
硕学鸿儒	博览专精
会古融今	好学深思
积学储宝	探微索隐
精研思辨	精勤不懈
不泥于古	不拘一格
思维深邃	才情奔放
立意高远	卓有见地
天道酬勤	学无止境

为师生
有无相生
长短相形
音声相和
专心致志
以文会友
文以载道
与时俱进
为民立言
文气清朗
品味哲理
中庸之道
通察全貌
有根有据
心怀哲理
文以致用
典雅博通

满腹经纶
尊师重道
难易相成
高下相倾
前后相随
以文化人
教学相长
尊孔重儒
读书通神
立言传世
静心治学
微言大义
合情合理
知彼知己
重在实际
坚持真理
学富才高

汲古求新　　言正行顺
诗书万世　　明哲保身
书香门第

第二观

境界观

第二观　境界观

境界一般指向是人高瞻远瞩、高屋建瓴的精神风貌。"那位女士很有境界。""这位先生的境界令人崇敬。"含言行高洁、心胸宽阔、造诣深厚、修养有素的羡意。境界高远，气度不凡，和蔼可亲，自是人见人喜，人见人乐，得人尊爱。

面对庞大群体人的现实世界，境界理应成为以人为中心，心怀人民，衷心为民，亲民、爱民、惠民、为民的第一境界，一切为人民的领先境界。上海市金山区朱泾镇党委书记蒋永华在长期勤奋的工作实践中，逐步形成功到自然成的亲民、为民境界。蒋永华自名"草根理论"，择要列举于下：

（一）交换理论。用我们干部的"辛苦指数"，来换取群众的"幸福指数"。

（二）折旧理论。折旧是固定资产在有效使用期内进行合理分配的过程，生命也是一样，宁可折旧自己的生命，也不能折旧党和人民的信任。

（三）投资理论。对人民群众的感情投资，回报率最高、最心安、最持久、最稳固。

（四）晒太阳理论。阴暗环境下容易做坏事，强烈的日照下可以杀细菌。

（五）绳子理论。公布工作清单，给自己"下套"，套绳的另一端交给人民群众监督。

（六）众筹理论。充分发动社会组织参与基层社会治理，培育、充实、强化居民自治自理的积极性和有效性。

蒋永华的爱民、为民、便民、惠民境界可以说已臻化境。从他"回答三个怎么办"、"上楼和下楼"、"遥控器上的民主"、"少坐办公桌，多坐八仙桌"等的一些想法和做法即可见一斑。

蒋永华经常念叨：群众这么好，我们怎么办？群众有想法，我们怎么办？群众有困难，我们怎么办？

蒋永华认为：村干部办公地点全部下楼，以方便村民找；居委会干部要上楼走访辖区内居民。

蒋永华安排：百姓打开电视机按下"美丽朱泾O频道"就能对社区实事项目进行评议，对社区相关项目发表意见，还能给社区干部打分。

蒋永华要求：少坐办公桌，多坐八仙桌，干部都要多走基层，访群众，听意见。

蒋永华理论的内涵掷地有声，其爱民、福民心胸令人感动。特别是"宁可折旧自己的生命，也不能折旧党和人民的信任"可比"鞠躬尽瘁，死而后已"的为国为民、忧国忧民精神，境界之高伟，可尊可敬。

拥有蒋永华境界，何虑文明、和谐、平等、正义、公正、诚信、友善社会的不期而至。

提升境界需要阔视野，开眼界，看世界。山外青山楼外楼，还有能者在前头，上能九天揽月，下可五洋捉鳖，启人心智，发人深省，奇思妙想，境界高强。早在三国时期，上知天文，下知地理，中知人心的诸葛孔明先生凭着他的神机妙算，递交蜀汉的三道锦囊妙计和南屏山上借东风立下的奇功，可见诸葛先生境界的高超精准。

好读书善评析也是决定精神境界的重要因素。身居高位的陈毅元帅最爱读书思考，一部线装的《二十四史》一直带在身边，把《二十四史》说成是"历史向我们敲了警钟"。陈毅尤喜读评古人诗文，熟谙杜甫、李白、白居易诗情表达的境界。陈毅认为，诗人们"在一定程度上反映人民要求，这便构成中国文学上的优良传统，最可宝也，最可学也"。而对诗人的"每依北斗望京华"、"百年世事不胜悲"等消极情绪，则应抱以乐观积极的态度，不要学那无事忧天的杞国人。因为陈毅原本就是一位境界通达、纯真、正直、豪爽、高瞻远瞩、才华横溢、德高望重的贤者。

境界高洁的人在日常生活方面总是崇尚简朴随和，度自然自在、不务名利、淡泊明志、洁身自好的人生，不崇奢华，低调做人，不摆谱，不自傲，平等待人，平易近人，拒绝特殊。曾见多位有成就的人，坚拒有关部门给予的居住和生活条件方面的改善，"屋宽不如心宽"就是他们的境界。他们的抱负是："人本自然，奢化伤志，极侈伤人，非我所欲；自然做人，心志舒畅，本色本分，理应弘扬。"好一个自然做人、本色本分、心志舒畅、大气凛然的清纯境界。

境界观铭言

◯ 高境界源于高利人之心。

◯ 心胸豁达，心地善良，心志思创，身健神爽。

◯ 外表光鲜，内心圣洁，表里一致。

◯ 头顶三尺有神灵，为人处事在光明。

◯ 不给自己以任何借口，是人生的高端修养。

◯ 希望是人的意识特征，葆有希望是人生的宝贵品质。

◯ 少与别人比得失，多看别人的付出。

◯ 人有善恶，事有是非，数有正负，理有正谬，言有真伪，独立思考，放准眼光，永葆清正。

● 民主、民生是执政者意境、气质、能耐和操守的试金石。

● 养吾浩气：不折腾自己，不为自己惹是非；更不折腾他人，不为他人惹是非。

● 养吾浩气：看得全一点，角度正一点，境界高一点，时间久一点，想得深一点，心地宽一点，节拍美一点，动作柔一点，调子低一点，实效大一点。

● 养吾浩气：正义清心，脱俗嫉恶，轻名疏利，好自为之。

● 养吾浩气：管好自己，宽厚诚信，不昧心，不忘义，不逾矩，不畏难，不伤天，不害理，不纠结，不苟且，不作秀，不欺骗，不阿谀，不凌弱。

● 养吾浩气：感天工造物之神奇，怀日月山川之敬畏，思宇宙苍穹之伟瀚，观世代更迭之因缘，悟人生价值之作为。

● 养吾浩气：怀真心，率真情，持真理，守真诚，明真相，说真话，做真人，做真事。

● 自信＋自主＋自恃＋自觉＋自律＋自谦＝高境界。

● 人当自知，自知才有自觉，自觉才有自律，自律才有自省，自省方有自明。

● 有才而无自感，有能而不自感，有仁而未自感，高境界也。

● 贤者贤在心地光明，行止磊落。

● 通达为人，通则达雅，通则和群，通则乐业，通则理性。

● 提升境界重在善于理性调节，以理性应对面临的任何事物。

● 心怀平民情怀，方能平等待人，尊重他人，平易近人。

● 乐于接纳他人质疑，尤需自我质疑。

◎ 知足赛过长生丹，不是神仙赛神仙。

◎ 气质是金，贵在清和。

◎ 做开明人：乐为先天下之忧而忧，后天下之乐而乐。

◎ 做开明人：心地纯洁，襟怀坦率，光明正大。

◎ 做开明人：脚踏实地，体察社情，厚重民情。

◎ 做开明人：敏于理解，富于同情，乐于好义。

◎ 做开明人：平易近人，和悦慈祥，一视同仁。

◎ 做开明人，做开明事，以开明为乐，开明为福，唯其开明，唯其艰辛，才有欢乐。

◎ 倡开明境界，扬开明风气，行开明品德，显文明、和谐、平等、公正、爱国、敬业、诚信、友善之核心价值。

◉ 开明见山，开诚布公，推心置腹，人文创新，知人知面更知心。

◉ 人生在世要知足，身在福中要知福。

◉ 做人悟出精气神，愈思愈想愈幸福。

境界观四字训颂

境界博大	意境高洁
广见博闻	意境幽深
胸罗宇宙	大气磅礴
高风亮节	气度如山
胸有丘壑	高屋建瓴
高瞻远瞩	朴茂自然
气韵浑然	凛然大义
浑然大度	大方坦然
光明磊落	坦荡从容
虚心纳谏	高古脱俗
宠辱不惊	平实无华
豁达率真	气定神闲
不慕虚位	淡泊明志
自强不息	志存高远

生机盎然　理融情畅
思接万载　继往开来
爱国兴邦　国兴家兴
家兴国顺　大气浩然
修身务本　心胸不凡
思维精准　简朴随和
天下为公　天人合一
自然为本　固守淡泊
见微知著

第三观

人生观

第三观　人生观

"先天下之忧而忧，后天下之乐而乐"是范仲淹范文正公博大心胸的人生观，广受人们的敬仰、颂扬、传承、力行，影响之深远无可估量。人生观之所以对每个人都是不可或缺的要素，缘于人生观给人带来的是更加自信、更加自觉、更具能动的精神力量。

大量有精神力量的人生观词语，不在语出惊人，而在实在、亲和、朴素、管用，随机摘录数则：

常乐在知足，常思不满足；

善以待人，诚以处世，心志好，一切都好；

学海无涯，学无止境，求知要永不知足；

岁月留痕，尽力奉献；

多做实事，不争名利；

不怕失败，坚持探索；

人生价值在不断作为中提升；

淡泊明志，头脑清醒，言谈简明；

做事勤谨，手脚干净。

就如上寥寥数则言简意长的人生观词条看，内涵都集结于人格品德的高度。主要体现大体是五个方面：

第一方面的精要内涵是群体和谐的人生品德观。

第二方面的精要内涵是尽心尽责的人生品德观。

第三方面的精要内涵是矢志贡献的人生品德观。

第四方面的精要内涵是心智心态善良的人生品德观。

第五方面的精要内涵是清白做人的人生品德观。

实际上人生和人生观不是固化的，在漫长的人生中，随着时空环境人文的变化发展，随着人生经历、阅历、学识、思想、事业、生活的变化进步，人生观必然产生相应的调试、充实和提高。人生观的端正有个培育过程，有个准确深入接受历史观、世界观的培育过程，什么样的历史观、世界观，影响和决定什么样的人生观。有位知识界人士在近十年间，对自己的人生观词条几经充实完善。这位人士的人生观词条大体经历三次充实完善：

原先的词条是："人生的价值在奉献，人生的价值在创新。"

尔后充实后的人生观词条是:"自强不息,敬业乐群,尚信崇实,以德为本。"

嗣后又充实完善为:"公平正义,诚善勤朴,美德铭心,不负此生。"

十多年间经过三次充实完善的人生观词条,由起始的"奉献"、"创新"到"自强"、"敬业"、"德为本",较之初始的人生观词条更见切实,更有品位。而第三次人生观词条的充实完善,"美德铭心"、"不负此生"八个字很有分量,十分极致而精准,成为一条具有高度、深度和广度的人生观和座右铭。

事实告诉人们:人随着自身的成长、学习、经历、阅历、思考、感悟等因素的发展变化,对人生观进行审视、充实、完善,自觉使自己拥有一个为他人、为社会、为国家、为世界、有作为、有贡献的人生,撰出自己的人生观,不仅正常,尤属必要。

人生观是一门既深奥又实际的大学问。总体来说,人生观就是人在认识宇宙、认识世界、认识社会的基础上认识自己。每个人都回避不了对宇宙、世界、社会和自己的认识,也就是说每个人都有客观存在的人生观。

人生观铭言

◎ 追名逐利的人生必是自食其苦、自招祸殃的人生。

◎ 踏实做人最安畅，投机取巧坐针毡。

◎ 义不计利，功不求名，事不畏艰，行不虚晃。

◎ 远离日益喧嚣的名利场，回归人生纯朴原质。

◎ 人生生命、生活质量的高度取决于宽大的心胸世界、乐观的精神世界和愉悦的心灵内质的高度。

◎ 真我才是人的最佳状态。

◎ 人文素养是做人做事的灵魂。

● 知足俭朴招福，贪心不足遭恶。

● 为人处世永铭身正、心正、言正、行正之德，永拒不正、不实、不谦、不廉之恶。

● 人当自信，自信方有自强，自强方有自立，自立方有自主，自主方有自由。

● 保良知，保正义，保人格，保自尊，保诚信，保自由。

● 人生观重在平实为人，重在实打实的是非观、正义观、全局观、群体观、仁爱观、通达观、尽责观、道德观、诚信观、敬畏观。

● 思国忧民排杂念，修身养德冶情操。

● 自强不息重在学不息、思不息、仁不息、义不息、诚不息、勤不息。

● 天时地利人和，人和为重，人和则天顺地丰。

◉ 正气＋文气＋静气＋才气＋和气＝大气。

◉ 见得广，学得深，想得通，举得起，放得开，收得拢，容得下，守得牢，耐得住，是为通达人生。

◉ 谏言是宝，谏言至贵，真诚求谏，大器人生。

◉ 人生当有亮度，人生当有宽度，人生当有深度，人生当有厚度，人生当有气度，人生当有大度，人生当有纯度，人生当有强度，人生当有力度。

◉ 保持良好稳健的人生观，稳健人生观重在思考、周全、精准、求实、求是、求进、有作、有为。

◉ 人是群体人，群体是人生观的首要内涵。人理应融入群体，关爱群体，尊重群体，服务群体，贡献群体。

◉ 他山之石可以攻玉，勤奋之志可以立身。

● 自强不息是真理,没有恒久不变的长效机制,更没有永世不馨的一劳永逸。

● 人生长葆"五个一":一生清勤,一德为本,一派忠贤,一丝不苟,一扫腐恶。

● 人微言不轻,真理在握心亮堂,走遍天下都知心,日久天长言成金。

● 不攀龙附凤,不抬轿子,不抱大腿,不抱台脚,不阿谀,不奉迎,做有良心、有尊严的自在人。

● 自爱是人生高端的理性自觉,人生一生自爱一生。

● 熟能生巧乃常态,功夫到家终有成,独有创见自成家。

● 自信+自强+自励+自觉=高雅人生艺术。

● 宁要平淡一辈子,不要热闹一阵子。

○ 安分守己，尊人尊己，厚人薄己，结交知己，克己复礼，利人利己，皆大欢喜，和谐天地。

○ 独立人格，独立思考，独立行为，自由达观。

○ 为学、为工、为商、为政，根本在于为人，在于为心正行正之人。

○ 多读书，养才气；慎言行，养清气；重情义，养人气；能忍辱，养志气；负责任，养贤气；系苍生，养底气；淡名利，养正气；不媚俗，养骨气；敢作为，养浩气；善宽容，养大气。

○ 人生观不在于说得漂亮，重要的是在你身上体现得怎样。

人生观四字训颂

清正廉明	自强不息
品德第一	正义天下
正气凛然	弘扬正气
刚直守正	豪情壮志
正大光明	圣洁善良
合群和谐	公心为上
公平合理	正直真诚
匡扶正义	尽心尽责
任劳任怨	品德在心
俭静稳厚	理直气壮
侠义心肠	见义勇为
仗义执言	刚正不阿
清浊分明	沉稳端庄

忧人之忧　急人之急
仁者爱人　好自为之
清白做人　淡泊明志

第三观　人生观

第四观

心灵观

第四观　心灵观

"心正人正"，"心善人善"，"心美人更美"，"人性在人心"，人随心志，好一个"心"字了得。

心为人之本，心决定着人生，被誉为主心骨，关连着人的品德人格、志趣修养、事业作为。心明眼亮、得心应手、心灵手巧、独具匠心、秀口慧心、苦心孤诣、全心全意，对人的赏誉离不了一个"心"字。心在人们心目中的价值和地位不言自明。

传言说，有一个地区为开展居民的品德教育，提升居民的精神文明和心理素质，就人的心智、心态、心性、心理、心志、心情等多个方面进行调研、考察、分析研究，作了正面的、积极的、有针对性的座谈教育，取得了启人心智、感人心怀、温人心态、心喜情悦的成效。众多居民认为，人心深处蕴含着可贵的"良知"，在日常生活中，时不时有人讲起"良心发现"、"摸摸良心"、"问问良心"、"天地良心"、"对得起良心"、"别昧良心"等,现实情况下,呼唤良心的语词逐渐多了起来。居民们强烈期盼良心回归,说什么"讲良心是中国历来的优秀文化","讲良心是正义原则的评判","讲良心是心灵的呼叫","讲良心是自省自律的基因","讲良心是当今社会现实的需求"。

维护保持心灵纯洁与维护保持生命和灵魂一样,不可掉以轻心。

首先,把心灵纯洁的检点作为一门必修的主要课程。先贤们很早以前就为我们树立了很好的榜样,"吾日三省吾身,为人谋而不忠乎?与朋友交而不信乎?传不习乎?"忠乎、信乎、习乎是为人处世的基本品德,需要认真检点,应该不厌其烦地"吾日三省吾身"。先贤们的品德心灵,至今依然昭然可见,理当传而习之。证之现实,人们需要传承三省精神检点的东西更多,常见常疑的诸如:

(1)见名见利而忘义乎?

(2)廉洁羞耻而不顾乎?

(3)思想作风而不正乎?

(4)言论讲话而虚假乎?

(5)承应实事而形式乎?

先贤之所以为先贤，功在长期高度自觉的心灵检点无疑。

其次，进行心灵再教化，心灵再认识。鉴于心灵遭受多种渠道侵蚀腐化的现实，很有必要进行纯洁心灵的再教化、再认识，把基础打实。"基础不牢，地动山摇"，"一心可以丧邦，一心可以兴邦"，史实可鉴。由品德建设入手，重在品德浸润熏陶。"百善孝为先"、"家和万事兴"、"孝乃天之经也，地之义也，民之行也"、"修身，齐家，治国，平天下"……熟经典铭言，深思细考，悉心熏陶，入心入脑，化为行动。有些国家和地区，机动车每到路口，不管有无交通信号灯，不管亮着绿灯都习惯地缓行并稍停而后行，行车安全之良规经过较长时期的传承遵守，可说已经达到根植心灵的程度。品德根植心灵需要一个长期、艰辛、循序渐进的教化熏陶过程，其实质是艰苦的"修心"，将纯洁的品德根植到人的心灵中来，形成教化熏陶有数的心灵感应，强化了心灵高度自觉的抗污抗腐力，产生良性心灵效应。其理念图示如下：

心灵感应、效应图

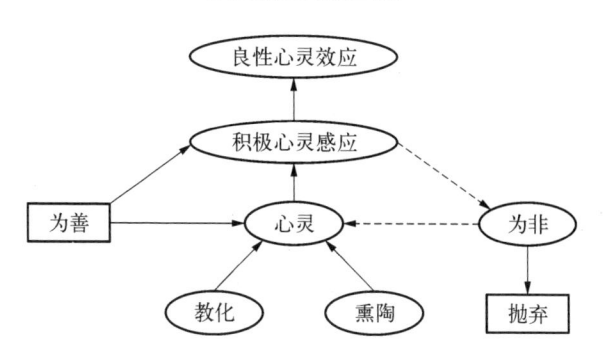

善举经由心灵完成心灵感应而取得良性心灵效应；为非之举经由心灵感应而被抛弃。积极心灵感应和良性心灵效应形成的关键在于长期修心的真诚。

一位与作者相交五十多年的高龄知心挚友写了一篇《我感悟力行的道德良心》，字里行间充满一位过来人道德良心感悟的心灵之声，情真、意切、爱心、祥和、感人、动情，值得赏赞。特推荐于兹。

我感悟力行的道德良心

经历多少春秋岁月、人生实际的体察思考，唯道德良心是为人的第一要素。现就修身、家庭、亲友、事业、操守五个方面应持的道德良心感述如下。

善对修身

首先保护自己身体健康,"身体发肤受之父母,不敢毁伤"。保持身体健康是一大孝心。父母生儿育女就是要儿女长得健健康康、堂堂正正,遂了父母心愿就是大孝,才是真真对得起父亲母亲。

读书学习、知行明德是立身做人要道。学习文化、哲理、伦理以端正人生,用心汲取和传承良教益训,"读好书,学好样,做好人。"牢固打好道德良心的基础。

善对家庭

家庭包含父亲母亲、兄弟姐妹、妻子丈夫、儿子女儿。要满怀亲情,真心实意地从心底里爱他(她)们,高度珍惜、关心家庭每一位成员。家庭必须充满孝悌忠信、互敬互爱的浓郁氛围。要从对得起父亲母亲的高度对得起兄弟姐妹、妻子丈夫、儿子女儿,要从对得起兄弟姐妹、妻子丈夫、儿子女儿的高度对得起父亲母亲。

善对亲友

学校师长、同学、单位同事、社会邻里等都应和睦相处、互敬互学、以礼相待、以德相交。挚友知交切磋琢磨、忆念往事，兴味无穷，倍感亲切。知友知心，人生大乐。

善对事业

热爱事业，自强不息，真诚负责，发展创新，精益求精，志在贡献，不负良心，不负家庭，不负社会，不负祖国，不负人民。

善对操守

品德第一，人格至上，不贪不腐，不图名利，不容杂念，自信自强，防微杜渐，勤奋诚朴，公平正义，仰不愧天，俯不愧地，内不愧心，外不愧人。

人生一世，悟得做人的八个字："道德良心，品德立人。"

心灵观铭言

● 良心良心，良知在心；心怀良知，万事称心。

● 心存仁义诚，人有精气神。

● 修身在心，公心至上，心地善良，心正气和，将心比心，心系民心，心净意纯，至上心灵矣。

● 肝胆相照日月明，官民一心社稷兴。

● 用眼睛看，用耳朵听，用脑子想，事事处处要用心。

● 美德源于心，美德见，良心显。

● 心正方能人正，人正方能事正，心正为本，事正是末。

● 自私之心须扬弃，扬弃之道在克己，克己之本在心灵。

● 心真行真乃至真，心善行善乃真善，心美行美乃真美，心德行德乃大德。

● 心态、心志、心情、心愿、心绪、心思、心机皆源于心，心好心正则一好百好，一正百正。

● 心态至上：真挚、纯洁、和善的心至上；满足、安宁、静雅的心至上。

● 修身重在修德，修德重在修心。

● "一定能好起来"是一种绝好的心理状态，是积极向前的心态，满怀信心的心态，乐观励志的心态，好心态是力量的源泉、成功的元素。

● 要常想想自己的良心，问问自己的良心，正正自己的良心。

● 呼唤良心回归，提升良心品位，大张良心深意，还我中华以道德良心为核心价值的礼仪之邦称号的大计。

◎ 眼睛是心灵的窗户，谈吐是心声的外露。

◎ 除弊要在追本探源，追本重在到位，重在到心，心到弊根治。

◎ 将心比心心同心，化解多少烦心事。

◎ 心平气和君子风，息事宁人真英雄。

◎ 嫉妒心对人的心灵健全是一种致命的伤害，溺于妒嫉心者陷入精神和肉体的阴郁折腾之中，苦比自戕，务须加强自爱、自信、自强、自立修养，远离嫉妒。

◎ 品德心灵化，心灵品德化，心灵化仁，心灵化义，心灵化礼，心灵化智，心灵化信。

◎ 心灵美是对人生品德最高的赞赏。

◎ 言行一致在心灵，不说违心话，不做亏心事。

◎ 面临形形色色的诱惑，用心灵的敏感与智慧主宰决断大脑的冲动。

◎ 跟好人，学好人；读好书，感化人；记好词，熏陶人，直透心灵，善化心灵。

◎ 心是人之本，真、善、美来之于心，心正本彰。

◎ 心地光明，暗室之中有青天；胸怀阴暗，白日之下有魍魉。

◎ 养心莫善于寡欲。

◎ 责人之心责己，恕己之心恕人。

◎ 满心都是善，满眼都是和。

心灵观四字训颂

正心是本	心净意纯
心和气顺	心怀大志
以心为师	心胸坦荡
境由心生	将心比心
贵在知心	心心相印
真心实意	锦心绣腹
心志坚毅	信心为宝
美德铭心	同心同德
凝心定气	心无芥蒂
心忧天下	民生至上
全心全意	心怀敬畏
心存恻隐	扪心自问
问心无愧	仁心仁术
独有慧心	心平气和

恪守初心　不忘初心
身直心正　心境宁静
尽心尽力　齐心协力
心齐事成　赤胆忠心
心态泰然　遂心顺意
心灵纯正　心地光明
心无杂念　专心致志
冰清玉洁　心无旁骛
心灵自安　精神自信
心正人正　心灵自慰
心甘情愿　心有灵犀
洗心涤虑　恩情永铭
心智不迷　心静如水
方寸不乱

第四观　心灵观

第五观

道德观

第五观　道德观

"德济天下"、"德为邦本"、"以德教民"、"道德是人生教育最为重要的要素"……道德的价值、道德的地位、道德的声誉、道德的权威，早就是脍炙人口的光辉伟大的字眼，特别是被誉为流传千年的四书五经，诸子百家渊远流长、名扬四海的道德发展传承历程，皇皇中国在形成人生道德意识和道德行为，提高道德观念，陶冶道德情操，锻练道德意志，确立道德信念，培养道德行为和习惯中，形成的道德风貌和氛围，已为世人共睹。

人之接受教育，以"德、智、体、美"排序，德居首位，道德人格端正了，智、体、美自可相应端正。一家有声誉的单位招聘员工，应聘者堪称踊跃，人才济济，不乏高学历、多经历、有专长之士，单位经多次筛选，反复遴选，最后着重考查人品道德作为应聘首要条件。

道德人品是人性的精髓所在，人的精神实质所系，道德人品涉及的领域和内涵宽广，就常说、常见、常用的道德人品单字即可见其涉猎一斑：

仁　义　礼　智　信
忠　孝　廉　耻　勤
宽　恕　敬　厚　慎
和　善　诚　朴　俭

每一个单字都可引申、展开和发力，它们不仅是组成道德人品的基本元素，更可贵的是强化道德人品的原子，具有德济天下、造福人生的原子能。

特别需要指出的是，道德人品教育是刚性的、终身的教育。每个人都必须接受道德人品教育，接受道德人品教育，既是每个人享有的终身权利，同时也是每个人确守和践行的终身义务。歌道颂德人之天职，身体力行，人人有责。面临物欲横流、人心不古、世风日下的复杂环境，尤需分外顺民心遵民意，花真功夫，下大力气，把道德人品教育扎扎实实地抓深抓透见真效。

千言万语，品德第一。看人看品德，识人识品德，议人议品德，选人选品德，交友交品德，共事共品德，拜师拜品德，齐家齐品德，修心修品德，心有品德诸事顺。

早在改革开放初始，1981年开展了全民文明礼貌的"五讲（讲文明、讲礼貌、讲卫生、讲秩序、讲道德）四美"（心灵美、语言美、行为美、环境美）活动，和当前加强道德修养，实实在在做人做事，慎独慎初慎微，做到防微杜渐，坚持和发扬艰苦奋斗精神，牢记"两个务必"，不能贪图享受，攀比阔气。要弘扬中华优秀传统文化，把家训家风建设摆在重要位置，廉洁修身、廉洁齐家等道德建设，着着关系国家深化改革开放发展大业，亟须重视再重视，践行再践行，见效更见效。

品德第一也是国际公认的大准则。近期联合国可持续发展委员会和哥伦比亚大学地球研究所联合发布的调查报告称：2012年以来，丹麦已多次获得"全球最幸福的国家"的殊荣。其主要依据除了人均收入高（80%的丹麦人为中产阶级，富豪比例少）、社会福利好、环境优美等条件外，最为关键的是丹麦民风纯朴，品德高尚。其突出表现是：

（一）社会风气好。国民相互信任指数高达

90%，居国际首位。

（二）人民社会责任观强，为社会服务的自觉性高。参与志愿者工作热心公益的人逾40%。

（三）人民心态乐观，知足常乐。人们对自己平凡的生活感到满足，被社会学者誉为"有容易满足的基因，对生活总是以乐观的心态面对"。

（四）操守清廉。政府部门鲜有贪污腐败劣迹，多次被可信度高的国际非政府组织评为国际上最清廉的国家。

丹麦社会之所以民风淳朴、品德高尚，与其"童话王国"的童话文化熏陶紧密相连，与安徒生童话中的大海、美人鱼、天鹅、王子、公主的那种恬静、美丽、优雅和信义诸多的文化洗礼的烙印和自然传承相关，显示了文化熏陶对纯化品德的伟大力量。

道德观铭言

○ 道德是人生成才之母，是社会核心价值之基。

○ 人以德立，家以德和，族以德聚，国以德盛。

○ 守法行德善我身，奉公利人润我心。

○ 政治的支柱是道德，道德是政治的优质基因。

○ 法规为导，道德为行，再好的法律和规制还得有良好道德操守的作为。

○ 道德自觉是法律和制度自觉遵守的保障。

○ 德兴世必兴，德衰世必衰。

○ 德存于心，业精于勤。

◎ 美德文化代代扬，一代要比一代强。

◎ 人为世之本，德为人之本。

◎ 道德是人生的第一课，必修课，终身课。

◎ 小人得势便猖狂，修身做人第一桩。

◎ 得道德之心，应道德之手。

◎ 德为人立，人因德立。

◎ 人的素质是由人的个人道德、公共道德和人的遵纪守法修养决定的、孕育的。

◎ 人的个人道德、公共道德和遵纪守法修养是由人的自尊心、自信心、利他心、公平正义决定的。

◎ 正道德文明之名，行道德文明之实，扬道德文明之风，振道德文明之威，还我礼仪之邦之盛。

◎ 用"不"管好自己，不违心，不逾矩，不耍奸，不欺骗，不阿谀，不作秀，不丧天，不害理，不推诿，不偷懒，不畏难，不忘仁，不摆谱，不盲从，不跟风，不妄断。

● 深化品德良性基因，强化品德免疫能力。

● 道德不止于说得好，至为重要而实在的在于做得更好，行得尤好。

● 自强不息，敬业乐群，尚信崇实，以德为本。

● 士有所行，以德为尊，大德必得其泰。

● 公平正义，诚善勤朴，美德铭心，不负此生。

● 国以人为本，人以德为本，德以人为本，仁以诚为本。

● 行善是做人的天职，做人的义务，做人的需求，做人的基本功。

◎ 冷静清醒见修养，客观全面显才气。

◎ 个人美德乃公众美德之所系，公众美德乃立国强邦之所基。兴德则昌，败德必亡。

◎ 以仁为富，以义为贵，以礼为尊，以廉为正。

◎ 好书之中有金玉良言，好词之中有品德良训。

◎ 伟业之建不在能知，贵在能行。

◎ 竹因虚受益，鹤以寿延年，人有德称善。

◎ 当你在人之下，你得把自己当成人；当你在人之上，你得把别人当成人。

◎ 信德至上：道德是人生的第一信仰和共同信仰，缺乏道德信仰的人生是信盲的人生。

◎ 育德至上：道德是人生的第一必修课程，全面知德的人生是有品德修养的人生。

● 振德至上：道德是人生的第一作为，道德作为是当务之要，更是当务之急。

● 读书不在成名，但在品德高雅；修德不期获报，唯求梦稳心安。

● 祸莫大于不知足，咎莫大于欲得。

● 静以修身，俭以养德。

道德观四字训颂

德济天下	德为邦本
以德教民	以德立身
懿德高风	高德懿行
德高为范	美德永铭
积德流芳	修己慎独
洁身自好	遵纪守法
谨言笃行	淡定坚毅
修身明理	慎思明辨
清纯自然	优雅大气
磊落大方	少私寡欲
淡泊名利	厚人薄己
重道自守	不落俗套
俭以养德	布衣本色
平淡是真	坚守清廉

美德润身　克己奉公
两袖清风　言行一致
谦和刚正　公平正义
能忍自安　戒骄戒躁
知止不殆　知足不辱
重义崇德　有容乃大
诚信是金　忠孝节义
身体力行　立德树人
处人蔼然　自处超然
得意淡然　处事断然
无事澄然　失意泰然
固本培元　为德始终
全德怀心　德高望重
仁可延年　仁者爱人
爱人以德　德可长寿
为政以德　厚德载物
俭约自守　以德待人

力戒奢华　将心比心
推己及人　换位思考
忠厚传家　从容达观

第六观

价值观

第六观　价值观

请问："认知地球的是谁？""是人。""发现新大陆的是谁？""是人。""发明指南针、印刷术的是谁？""是人。""拉开工业革命序幕的是谁？""是人。""持续掀动工业革命新潮的是谁？""是人。""认知宇宙太空、遨游太空的是谁？""是人。""规范人文品德、倡导道德教育的是谁？""是人，还是人。"……千千万万个认知、发现、发明、发展、创新、作为都出于人的伟大的不凡身手。"人的劳动创造一切、创造世界"决非虚言。人是最最伟大的价值认知、发现、发明、发展、创新践行者。

再请问人之所以有如此令人敬畏的伟大价值从何而来？众所周知："精神变物质。"人的品德素质决定着人的文化、境界、人生观、心灵状态、求实精神、乐观精神。"人生的价值在贡献，人生的价值在创新"是一位有识之士的切身品德感言，其形成诸多价值的核心在于富强民主、文明和谐、自由平等、公正法治、爱国敬业、诚信友善的品德素质、价值转化成新的、硕大的物质力量，实现了品德素质价值向物质创新价值的成功转化。

还得请问："人的认知、发现、发明、发展、创新、创造的终结落脚点何在？"人是理智的人，绝不可能为发现而发现，为发展而发展，为创新而创新，为创造而创造，为GDP而GDP，总是有一个目标和落脚点，唯一的目标和落脚点，是全人类的富强、进步和福祉。传统经济学研究的、阐述的开宗明义篇章就是"Human Wants"人类需求一词。无论经济发展、社会发展、文化发展等归根结底，九九归元都归落到人的生存、生活和工作事业上来。为人民提供良好的生活条件和工作条件，改善民生、保障民生已是国际共识的民生大事。随着对民生认识的深化、对民生价值的正视和感触，看发展、看形势，首先看民生，"民生好才是形势好"，民生成为考量社会价值的主要要素。说得更明白一些："发展、创新、出发点、落脚点俱在民生，民生价值无限量。"

一个人的主观能动性价值、品德素质价值、福祉民生价值，三大价值相合相益相得益彰。客观自然地形成良性价值循环运作，是更具理性的新价值理念，为人类社会带来更有价值的价值。

最具价值的价值都聚焦在人的价值上；人的价值都

聚焦在人的品德上。

从根本上说,一切物质价值、理论价值、精神价值、人文价值,全都源出于人品人性的价值。

价值观铭言

◯ 人生真心真情最可贵，图名图利最可怜。

◯ 文景之治、贞观之治为谁而治？千治万治，为民而治。

◯ 为民造福真本事，只说不做没本事。

◯ 忧吾忧以及人之忧，乐吾乐以及人之乐。

◯ 公信力有之声望高企，无之必声名扫地。

◯ 人生独有的特殊价值是善于逻辑思考、理性思考、创新思考和实证思考。

◯ 正义力量无极限，正义寓育真理，真理伸张正义。

◯ 正义为人是真人，争权夺利枉为人。

◎ 仁义之交金不换，权钱之交灾祸临。

◎ 千言万语以德育人唯重，千头万绪心怀人民唯衷。

◎ 本色做人，本分做事。

◎ 身价之贵在守身如玉，洁身自好，以身作则，鞠躬尽瘁。

◎ 做人素质第一，为政民生第一，发展平衡第一，社会稳定第一，人际和谐第一，产品（服务）质量第一，环境生态第一，百事安全第一。

◎ 人的核心价值是心地光明，见地独到，公平正义，尽心尽责，创新为民。

◎ 人意在，水也甜；心意在，苦也甘。

◎ 没有责任心的人是失去前进目标和生活的人。

◎ 公信力是最给力的力，是最有能量的正

能量。

◎ 做人步步踏实，对人彬彬有礼，做事件件着力。

◎ 为大义，忍所私。

◎ 锦上添花，华而不实，雪中送炭，重仁踏实。

◎ 为人处世礼当先，礼中见德，礼中见仁，礼中见诚，礼中见善。

◎ 权势两字非褒义，仁义一举最亲切。

◎ 民众有满意的民生，国家才有良好的名声。

◎ 无论什么环境，什么场合，务必守好自己的理智，守好自己的正义，守好自己的人格，守好自己的尊严，守好自己的伦理。

◎ 礼多人不怪，崇礼增和谐，礼从修身来，礼貌成惯例。

● 端正价值取向，坚持自信自强，坚不随波逐流。

● 端正价值取向，坚我公平正义，坚不见风使舵，无惧开罪于人。

● 端正价值取向，坚我自尊自重，不要权势伎俩。

● 端正价值取向，坚我清纯操守，保我人格高尚。

● 端正价值取向，宁可人负于我，坚我正面能量。

● 端正价值取向，坚我道德良心，力反无良勾当。

● 端正价值取向，坚守实话实事天职，不事花言巧语假大空。

● 端正价值取向，严行守法遵纪，严破歪道斜门。

价值观四字训颂

以民为天　　富强民主
文明和谐　　自由平等
公正法治　　爱国敬业
诚信友善　　孝道无价
无私无畏　　耿耿忠心
见义勇为　　舍己救人
正大光明　　公正廉明
发愤图强　　励精图治
锐意改革　　革故鼎新
解放思想　　致力创新
排难致胜　　为民造福
乐民所乐　　忧民所忧
雪中送炭　　爱岗敬业
敬业乐群　　殚精竭虑

锲而不舍	苦心孤诣
和衷共济	百折不挠
言出如山	矢志不移
独创新风	追求卓越
慎终如始	勇攀高峰
鞠躬尽瘁	为国为民
庄重自强	忠肝义胆
微言大义	排危解难
真心实意	一心一意
琴瑟相谐	鸾凤和鸣
互重互敬	互学互帮
以孝为先	以和为贵
以义为重	以真为本

第七观

求是观

第七观　求是观

"实事求是"是人们调研、言谈、写作、思考、策划中出现频率很高很权威的词语,是日常学习、工作、生活看得见、碰得到、用得着的品德修养。心明眼亮,明白真相,方能做到实事求是。有句名言:"没有调查研究,就没有发言权。"先前的"微服出访",今日的"下基层"、"到现场",也都是为了达到求是的目的原旨。

"耳闻为虚,眼见为实",为了求是求实,来到现场求是看实的事例不胜枚举,农村、城镇、社区、田头、工厂、车间、公路、桥梁、集市、住房、地上、地下、江河、高空,求是看实。一位国家领导人深谙实事求是乃治国理政之要,计划深入全国两千多个县调研求是看实。1982年11月,这位领导人亲自带队,先后去河北、山东、安徽调查研究,轻车简从,在安徽调研安徽农村实行家庭联产承包责任制的实际情况。由合肥驱车来到皖北砀山县,在听了砀山县委、县政府的汇报后，就在砀山住了下来，准备过细地、实事求是地到农家看看家庭联产承包责任制的成效。有一天，车行驶在农村的公路上，这位领导人见到路边多家农户，便要求把车停下来，下车步行到农家，讲明来意，随即在农家，实地看米囤里的粮食，与农民拉家常，了解农民的生活，帮农民算粮食账，余粮有多少，看农家衣服、被褥够不够，怎么过冬，怎么度夏，确实看到农户家有余粮，床有被子，衣服齐整，这才放心地离去，证实了安徽实行家庭联产承包责任制以来，农民的生产积极性持续高涨，农民的生活条件有了很大改善。

求是的核心实质在于求真求实不走样。求是名句"文以纪实，浮文所在必删"，告诫人们文章理应真实反映事实真相，说话贵在表达真实的思想感情，反对浮华与虚伪。这一名句的实意不局限于文章和说话，而是泛指一切言行举止都不应文过饰非，弄虚作假。旨在倡导实事求是的纯洁品德。

有关研究人士认为：求是是每个人每时每刻都随机面临的有关品德修养的大事，必须强化求是理念，汲取求是元素：

一、多多汲取事物常识品德元素。及时辨别真伪，防止以讹传讹。

二、多多汲取自信自主品德元素。增强应对多种局面的自信心、自主力。

三、多多汲取公平正义品德元素。坚持公平正义这把尺子。

四、多多汲取诚信为人品德元素。忠厚老实，表里一致。

五、多多汲取自尊自重品德元素。叛逆求是，实为自我糟践。

六、多多汲取遵纪守法品德元素。法纪大于天，坚持法纪的严肃性，王子犯法与庶民同罪。

七、多多汲取职责担当品德元素。责无旁贷，追根究底，探明真相，勇于担当。

八、多多汲取好大喜功、急躁冒进、浮夸邀功给人民带来的惨痛教训。

求是观铭言

● 敢说话,说真话,受人尊敬;不敢说,说假话,为人鄙夷。

● 万事万物不可舍本逐末,以手段为本,以目的为末,本末倒置,误人误事。

● 政策和方案须有六考量:社会考量,政治考量,伦理考量,经济考量,哲理考量,心理考量。

● 甜言蜜语九分假,推心置腹十分真。

● 稳扎稳打者浩然大气,盲目逞能者小家子气。

● 选贤与能大德,人才浪费大罪。

● 行文讲话宜要言不烦,实话直说,忌以文作秀,空话连篇,不着边际。

◯ 实至方能名归，空谈蹉跎生命。

◯ 面临困惑，尤须众醉独醒，独立思考，洁身自好，心纯自若，坚守正义，主持公道。

◯ 说话做事写文章，不言过其实，不牵强附会，不人云亦云，不哗众取宠，不文过饰非，不嫁祸于人，不自诩自擂。

◯ 装模作样骗百姓，眼亮心明是百姓，骗来骗去自欺心。

◯ 文风的情真意切、朴实无华与文风的卖弄浮滑、沽名钓誉是文品人品雅俗的原则差异。

◯ 失诚信必无大义，无大义必损公信，损公信必丧人心，丧人心必遭唾弃。

◯ 一思多粗浅，二思难周全，三思方可行，多思更可信。

◯ 习于探索思考利于扩视野，明实际，辨是非，清思维，通事理，激灵感，长智慧，出见地。

◎ 说真话道真情，再复杂的事也变得明白简洁；说假话造假象，再简单的事也搅得混浊一片。

◎ 崇尚真切自然，莫效搔首弄姿。

◎ 人的求是品德是第一位的，居决定作用的家庭、社会、国家的求是观是人的求是品质决定的。

◎ 治标只是假把式，实事求是治好根本才是真本事。

◎ 真正的大实话是发自公心、出于肺腑、基于良知、足以打动人心的有提升人生品德价值的话。

◎ 人生是求是的一生，是探索真理的一生，是创新世界的一生，更是幸福快乐的一生。

◎ 求是乃人之终身大事：求是则明，求是则智，求是则进，求是则信，求是则立，求是则兴。

◎ 求是乃人之终身大业：求是则刨根显原，求是见脉络、显系统，求是则知因果、探规律，求是则启智慧、觅真理。

● 求是乃人之终身大业：当代代精心传承，永葆求是精神，永探求是之道，永葆求是之实，永兴实事求是之训，葆求是大业为千秋万代大业。

● 正视风气，重视风气，风清气正，正风正气乃国泰民安之本。

● 民风、家风、社风、国风相因相成，民正、家正、社正、国正相因相正，民清、家清、社清、国清相因相清。

● 风气之正与反，关系国家民族之兴与亡，历史有证，现实有镜。

● 最具智慧的人，最有境界的人，最拥有幸福感的人，是拥有求是品性的人。

● 最得人心的人，最有品德的人，最有威望的人，最受爱戴的人，是拥有求是品性的人。

● 坦率、无私、慎独、自信、自尊、豁达、大度、心淳，特别是崇尚求是精神的人，方能表里一致。

● 兴质疑之风，质疑利于深思，利于远瞩，利于求实，利于完善，利于践行。

● 正视质疑，欢迎质疑，质疑乃求实求是之良师益友。

求是观四字训颂

信言不美　　美言不信
善者不辩　　辩者不善
知者不博　　博者不知
实事求是　　求真务实
执法如山　　言行一致
表里一致　　信以立志
信以守身　　信以处事
信以待人　　信守不渝
行胜于言　　笃厚守正
拙朴淳厚　　做老实人
说老实话　　沉厚凝重
抱诚守真　　诚信为人
公心至上　　仁者风度
长者襟怀　　敏思慎言
握简驭繁　　意清意畅

慎言谨言
不事张扬
循规蹈矩
防微杜渐
管好自己
进退有据
亲力亲为
好自为之
平凡为人
爱人以德
自尊自重
一生清白
不昧良心
善于质疑
因事制宜
因时制宜
理正事明

慎静低调
不务声华
安分守己
虚怀若谷
居安思危
修细实巨
行止有度
眼见为实
脚踏实地
君子之风
遵纪守法
为人正派
求是终身
正视质疑
因人制宜
因地制宜
讲究逻辑
不容苟且

第八观

福乐观

第八观 福乐观

人生幸福快乐与生俱生,乃天经地义之人生大欲。

在一次研讨会上,论及幸福快乐,由于人们对幸福快乐追求和敏感的本能,论及幸福波和快乐波的存在,论及人的幸福悟性和快乐悟性的感应,认为:幸福处处有,全凭你心领;快乐时时在,全由你意会。幸福快乐就在你身畔,候你去心领神会。有人直截了当地说:"幸福快乐其实就是人的主观感觉和体会。"

幸福快乐的认知感觉体会尽管因人的主观差异而有异,但是,真正的幸福快乐要领在于四个方面的修养。

首先是心理心态修养。人的心理素质的通达和心态意境的宽舒是古今中外一致的共识。孔子有位名叫颜回的学生一生好学,以学为福,以读为乐,过着简陋的日子,别人忧其无视人生的幸福快乐。孔子发表了对学生颜回的评议:"一箪食,一瓢饮,在陋巷,人不堪其忧，回也不改其乐。"颜回自己不以居简屋、粗茶淡饭而忧，却以读书求学为乐，可见这位颜夫子心迹、心态之高之纯，从而得到圣师孔子的高度赞赏，可敬可佩。

二是品德人格修养。事实上品德人格高尚的人本质上就是幸福快乐的人。人的品德人格与人的幸福快乐犹如影之随形。仁、义、礼、智、信的品德人格必然同生寿、贤、尊、师、立的幸福快乐，即：仁者寿、义者贤、礼者尊、智者师、信者立。提升人的品德人格修养，旨在提高人的幸福快乐机制。从现实的品德人格修养看，应着重关注随时随地可遇可施的仁爱和善，亲望亲好，邻望邻好，和谐相处；应着重关注清廉纯洁，淡泊名利，不务名利，清白做人；应着重关注务真求实，说真话，做实事，老实做人。

三是自得其乐修养。就自身的专长和正当的兴趣爱好，为自己谋幸福，为自己找乐子。清朝文士袁枚喜为春光吟《春晴》曰："风光如此须行乐，莫管头颅白几茎。"乐观地欣告人们春天来了，舒展心胸，面对大自然，拥抱大自然。大自然，为人们赐送清心怡神的好风光，是何等的幸福啊！范仲淹所作的《岳阳楼记》有两句话："心旷神怡，宠辱皆忘。"揭示了这位范大人为官时直言直语的种种遭遇，而他达观过人，借登岳阳楼之际所说的这两句话，告诉人们范仲淹自得其乐的绝佳心情。

四是与人共福同乐修养。谚云：一人好不算好，大家好，才是真正的好。当今，常闻不少人说："一个人幸福快乐，不算幸福快乐，让大家都幸福快乐才是真实可靠的幸福快乐，才是持久永恒的幸福快乐。"体现了幸福快乐观的真谛和实质。

从渊源上说，幸福快乐是人与生俱来的天性本能。幸福快乐的实在体验则取决于对幸福快乐的意念、领悟、情怀和感受；而幸福快乐的意念、领悟、情怀、感受则源于人的文化观、境界观、人生观、心灵观、道德观、价值观、求是观、平衡观、正负观的修养效应，效应愈深，则幸福快乐的感受倍增。

福乐观铭言

● 乐在何处？乐在为善，乐在助人，乐在爱心，乐在奉献，乐在齐家，乐在学习，乐在知新，乐在思考，乐在清心，乐在合群，乐在创新。

● 以乐为师，珍惜快乐，发现快乐，创造快乐，传播快乐，同享快乐，留住快乐，以苦为乐，化苦为乐。

● 善字当头，善心善意，善眉善目，善言善语，善举善行，善人善己，善家善国，善真善美，善始善终，一个善字善天下。

● 心无忧，身无病，至乐也。

● 婚姻的责任，不只是成立家庭，更根本的是与家人感受和美幸福。

● 快乐一生：学习读书伴一生，伦理道德伴一生，自强不息伴一生，身心健康伴一生，亲人良友伴一生。

● 物质生活绝不是生活的全部，充实的、怡情的、人性的、自由的、舒心的、文明的、平等的、公正的、和谐的、诚信的精神生活，比物质生活更滋润，更营养，更幸福快乐和隽永。

● 亲情与名利无关，亲情厚于一切，浓于一切，亲情融溶是最根本的幸福快乐。

● 福就在你身边，福就在你手里：诚信是福，读书是福，助人是福，平易是福，正义是福，心宽是福，敬业是福，自觉是福，自信是福，自强是福，自诚是福，天伦是福，仁义是福，清廉是福，简朴是福，健康是福，宁静是福，知足是福，知乐是福。

● 幸福快乐是人生的永恒追求，发展是为了幸福快乐，要创造和提升人的幸福快乐而发展。

● 品德带来的福乐最圣洁，辛勤带来的福乐最香甜。

● 幸福快乐以精神愉悦、心旷神怡为贵，乐观为人、推己及人为尊。

● 为群体谋幸福快乐，是改善民生推进幸福快乐，胜于一己的幸福快乐。

● 幸福快乐重在保有一辈子，不在贪求一阵子。

● 幸福快乐的内在心因在于心理、心态和心情。

● 真善美才是最高雅、最具品位的幸福快乐。

● 维护确保幸福快乐群体性、共惠性、公平性、平等性、渗透性、感染性、互动性等本质机理。

● 多一分开明通达的涵养，就多一分幸福快乐感应；多十分开明通达的海涵，就拥有绵延一生的幸福快乐人生。

● 为他人的幸福快乐而由衷高兴的人堪称快乐

贤达。

● 安全就是幸福快乐，安全一生，幸福快乐一生。

● "以清淡为福，以俭朴为乐"乃高境界，高修养者对幸福感、快乐感的真智：平淡之中有福乐。

● 懂得知足的人，找到快乐；懂得放下的人，找到自由；懂得珍惜的人，找到幸福；懂得关爱的人，找到朋友。

福乐观四字训颂

为民造福　与民同乐
仁者爱人　以仁安人
亲望亲好　邻望邻好
幸福相共　胸怀大爱
助人为乐　我为人乐
先苦后甜　以苦为乐
苦中有乐　甘当人梯
真挚亲切　率真仁厚
平易近人　古道热肠
读书为乐　济困扶危
乐善好施　慈眉善目
急公好义　笑口常开
爱民如子　心存方正
安邦乐民　顺天应人

雪中送炭　　人敬以情
乐观向上　　以仁逸趣
厚谊深情　　豪情相待
与人为善　　赤诚天下
守望相助　　兼善相友
休戚与共　　出入相见
风趣幽默　　肺腑为先
美德惠人　　庶民有礼
恩宠有加　　体贴平和
遂心惬意　　心态安闲
质朴厚实　　情态信实
心无芥蒂　　忠厚阳光
安静祥和　　清纯无疆
心态平和　　大爱善成
福如东海　　善作康宁
长乐永康　　福寿达理
道法自然　　通情

律己

肝胆相照　思道则福
为善最乐　广种福田
称心如意　皆大欢喜

第八观　福乐观

第九观

平衡观

第九观　平衡观

平衡是万事万物的大哲理，是为人处世的基本品德。

"风调雨顺"、"国泰民安"、"留有余地"、"恰到好处"、"过犹不及"、"适可而止"、"互尊互敬"、"缓急有度"、"风平浪静"、"不平则鸣"、"见好就收"……都是有关平衡的哲辞。平衡事关天地人相互和合，相辅相成的仁世，疏不得抗不得。中外古今历史经验教训多不胜数，凡违抗平衡律者必遭恶果。

社会要发展，国家要发展，首要的当推经济发展。工业革命的创举，极大地推进了经济的快速发展。由于过度竞争，盲目发展，带来了供、产、销、人、财、物的极度不平衡，1825年英国终于爆发了第一次经济危机，成为经济危机的世界先驱。缘于平衡观的浅薄，1857年，经济危机又在美国发生，先后波及到英、德、法等欧洲国家，并蔓延至一些落后的国家，形成第一次世界性的经济危机，市场萧条，企业倒闭，工人失业，通货膨胀，物价飞涨，生灵涂炭。此后，接踵而来的1866年、1873年、1882年、1890年等世界性的经济危机造成的破坏和恐慌令人难忘。随着经济平衡发展悟性的提高，提出了经济发展生产总值、人员就业、物价指数、外汇收支四平衡的规范，危机得到一定程度的控制。而进入21世纪伊始的头十年中又出现一次影响严重的世界性经济金融危机，至今这次危机的阴影犹在，理当引以为憾，引以为训。

就现实情况言，犹须强化信息畅通，健全预警制度，加强检查监督，严守平衡法则，防止和杜绝供求失衡、产销失衡、结构雷同、产能放空、库存失控等失衡矛盾。

人与社会的平衡是平衡论的永恒课题，随着社会的发展变化，当下需要重点关注的人与社会平衡和合的是三个方面：

第一方面，农村居民与城镇居民生活水平的平衡。

农村居民与城镇居民生活水平的差距历史久远，而今正在力求平衡，逐步缩小固有的差距。就上海市农村居民人均可支配收入与城镇居民人均可支配收入差距观察，2008年城镇居民人均可支配收入为农村居民人均可支配收入的2.34倍，2014年，两者人均可支配收入差距降至2.25倍，六年差距率缩小了3.8%。缩小城市与农村居民生活水平差距从来就是经济社会良性发展的重要历史使命，实现两者的合理平衡化。

第二方面，确保山川、空气、气候、环境、自然环境的安全平衡。

在经济社会发展的同时，也带来大量破坏自然环境的后果，如废气、废水、废渣的任意排放，对自然资源的肆意采伐，生态环境受到严重破坏，形成气候异常、人身受害、资源污染，亟须奋力平衡，净化环境。

第三方面，物质文明与精神文明的平衡。

物质文明、精神文明两个文明理应是比翼双飞的文明。大量事实表明，高度精神文明是高品质物质文明的前提保障，是物质文明任性和出格的必需制约者。保持精神文明与物质文明的平衡，方能造就社会文明的提高和持续。

论及精神文明，历史经验和现实状况昭示人们，必须高度正视人的心理平衡。心理平衡是平衡的核心基因，其意念之深、影响之巨，不容等闲视之。据相关人士和有关资料揭示：心理平衡、状态好则一心一德，众志成城，诸般和顺，欣欣向荣；心理失衡，则理智缺失，神志消极，情绪无常，杂念丛生。心理失衡的表现林林总总，其中主要的、常见的、危害较大的是：浮躁心理、嫉妒心理、贪婪心理、任性心理、猜疑心理、虚荣心理、自卑心理等。失衡心理对大局、全局、家庭、社会、民族、国家，乃至世界会带来无可估量的负面影响，对自身更是日坐愁城般的自我折磨和有难言之隐的身心痛苦。

"世上无难事，只怕有心人。"心理不平衡，确是难事，但只要有诚心，肯用心，发恒心，做平衡心理的有心人，以善、以俭、以和、以静、以振为训，用心熏陶，就会取得由心理失衡向心理得衡的转化。

以"善"熏陶。善心善意，善思善行，善善呈祥，以"善"转化心理平衡。

以"俭"熏陶。俭为美德，俭简寡欲，俭涵福祉，以"俭"转化心理平衡。

以"和"熏陶。和合至尊，和家和国，一和百顺，以"和"转化心理平衡。

以"静"熏陶。静心静气，静以致净，静以感悟，以"静"转化心理平衡。

以"振"熏陶。振神蓄锐，振作有为，振兴出新，以"振"转化心理平衡。

当今需要进行平衡论与平衡观的广泛教育，认识平衡理念的深义，认识对社会发展的威力，认识对人民生计生活稳定安适的关联，以增强治国理政的平衡意识。

平衡观铭言

◎ 为人做事须掌握分寸，善于平衡，不温不火，不矜不伐，恰到好处。

◎ 三思而行，行而三思；三思而言，言而三思。

◎ 勤于自由思考，慎于遽尔作为，切忌率性而为。

◎ 保持平衡是生命之要，人生之至要。

◎ 保持平衡是社会发展、进步、稳定之至要。

◎ 保持平衡是天时、地利、人和之至要。

◎ 保持平衡是万事万物协调和顺各方之至要。

◎ 保持平衡是千头万绪之第一绪。

● 政治之道在治政，治政之要在平衡。

● 良性循环在平衡，平衡之功在良循。

● 平衡失调必倾倒，重者危相丛生，祸国殃民。

● 保持平衡必须守规矩，走程序：首要程序是必须独立思考，科学辩证，思考分析过滤，确保无虑。

● 保持平衡必须多公心，防私心；多美德，防诱惑；多静思，防冒失；多用心，防大意；多观察，防武断；多自控，防任性；多从容，防错乱；多全面，防片面；多文明，防俗气。

● 平衡则平，平则顺，亦平亦顺，国富民强。

● 平衡是事物的客观铁律，必须敬畏，必须遵守，慎之又慎，确保平衡之律。

● 当今世态繁杂，人文端异，尤须精心把持，确保平衡。

◎ 宁熟虑于先，毋恼悔于后。

◎ 防患于未然者明，患来拾残者愚，无动于衷者痴，心猿意马者亡。

◎ 贫不言穷，富不癫狂。

◎ 平衡之经在天，平衡之义在地，平衡之巧在人，平衡之得在民。

◎ 文化修养，境界修养，心灵修养，求实修养，价值修养构成厚重的心理平衡。

◎ 质疑既利于求是，尤利于平衡。

◎ 掂量"我为人人，人人为我"之平衡，"我为人人＞人人为我"为我所求。

◎ 重物质文明，轻精神文明，两大文明相悖，人之大难，国之大忌。

◎ 保持自信与自知、自明、自省的平衡，平衡得当，其益当倍。

● 心铭平衡，手执平衡，敬之畏之，好自为之百事自兴。

● 心铭平衡，手执平衡。言出如山，言而有信，言出必行，言行一致，行言平衡，治政英明。

● 心铭平衡，手执平衡。贫富忌悬，平衡差悬，利国福民。

● 心铭平衡，手执平衡。平衡谋发展，发展重平衡，平衡发展相成相全，创发展之新。

● 心铭平衡，手执平衡。目标设定，条件全面，平衡匹配，事半功倍。

● 平衡功力，一言难尽，平之衡之，其益可喻：化险为夷，转危为安，祛祸成福，遇难呈祥。

● 人之相惜惜于品，人之相敬敬于德，人之相交交于情，人之相拥拥于礼。

平衡观四字训颂

知足不辱　　知止不殆
不平则鸣　　国泰民安
恰到好处　　过犹不及
适可而止　　留有余地
不温不火　　不卑不亢
良性循环　　政通人和
相辅相成　　相得益彰
守衡出新　　守正出新
平淡谐和　　开明大气
以平为本　　以衡为贵
平衡济世　　功在平衡
平衡致祥　　事在人为
志在必得　　庄敬自强
力争上游　　贵在坚持

苦尽甘来
智尽能索
笨鸟先飞
戒骄戒躁
坚毅守正
重在自信
后来居上
取长补短
心理平衡
节俭治家
平易近人
平等共享
品学兼优
善有善报
有情有义

永不气馁
否极泰来
勤能补拙
成事在人
卧薪尝胆
再接再厉
梦想成真
知行合一
勤政爱民
勤劳致富
勤俭节约
表里一致
尊师爱徒
名正言顺
沉稳周到
有理有节

第十观

正负观

第十观　正负观

"正人君子"、"卑劣小人"是中华历史传承下来的评人哲辞。君子指的是品德优秀、人格高尚的人，小人说的是品德卑恶、人格低劣的人，旨在教人做正人君子，莫做卑劣小人。正负两极，泾渭分明。作为人来说，就要明是非，辨美丑，知善恶，识忠奸，察廉腐，鉴真伪，分清浊，走正道，不负人。

从主观上说，绝大多数人都有做"正人君子"、不齿于"卑劣小人"的意愿。从客观实际来说，面对变化多端的社会环境，人们又感到迷茫不定，正负朦胧。面对现实正是深化品德教育、厘清乱相、端正理念、就正拒负的黄金时期。上海广播电视台王建军台长在报端发表了题为《守正出新　当好正能量的传播者》的及时而切事的好文章，明确提出做好新闻理论工作的宝贵意见，文章指出："当下，媒体格局发生了深刻变革，面对不断变化的社会、市场和媒介环境，我们常常在思考，拥有广大群众基础的广电媒体，如何既能让主旋律和正能量指导声频荧屏，又能确保其入耳入脑入心，切实提升主流媒体传播力、引导力、影响力和公信力。"并相应提出："把正确导向引领作为首要责任"，"坚持正确舆论导向"，"坚定传递正能量，弘扬积极向上主流价值观，并将其作为节目的基本准则"，"全力打造正能量精品力作"，"当好主旋律的共鸣箱"，正能量的"扩音器"，"社会进步的推动者、公平正义的守望者"。这是一篇新闻舆论正能量檄文，更是一篇将社会正能量主坐人间天堂，把危害社会的负能量打入了阿鼻地狱的宏文。

深受人们敬爱的王元化老师是一位坚持正能量品德的经典人物，在元化老师的《谈话录》中，清晰而鲜明地见到老师对人的尊严、人性不被异化的尊重。他一心尽一个知识分子铁骨铮铮应有的不媚时、不阿谀而对人有益的美德，在任何环境下，都做到不降志，不辱身，不追赶所谓时髦，更不回避风险。老师坚持知识分子"独立之精神，自由之思想"，拥有一颗维护正能量、抗击负能量的高贵心灵，藉此拨乱反正，尽到一个有骨气的知识分子的责任。老师的一席话是对人们正能量品德的谆谆熏陶。

坚持正能量、排斥负能量需要严正的品德修养和机敏的鉴别判断，长于防微杜渐，警惕和防止负能量、负面因素的侵袭和挑战，不随波逐流，不随风飘荡，不人云亦云，不因循苟且，不鉴貌辨色，不视若无睹，不利令智昏，不见义规避，不丧失良知等，面对正负，理当态度鲜明，主持公道正义。

必须严正指出，贪欲、贪图钱财是最为人们不齿、最痛恨、最祸国殃民、最有损国格、人格的劣根性和最致命的负能量。调查显示，大量不同性质、不同形式的负能量、负因素是由贪欲、贪图钱财这个最恶毒的负能量派生出来的。因此，贪欲、贪图钱财又是各式各样负能量、负因素的机制和基因，是万恶之源。为此，必须进一步深刻悟识贪欲、贪图钱财的致命危害性、破坏性、顽强性、劣根性，下大力气，动大手术，以脱胎换骨、推心剖腹的大魄力，根治贪欲、拜金、贪财这个罪大恶极的负能量、负因素。要光大正能量、正因素，保我国家、社会、人民的长治久安、幸福康乐，必须坚持以零容忍态度大刀阔斧惩治腐败，必须聚精会神地培育和践行社会主义核心价值观。

正负观的提出，坚持正能量的品德熏陶，是时代的需要，现实的必要，"打铁还需自身硬"的急要。

正确而敏锐的正负观已是当代做人的基本功和必修课，强化修身修心的常规熏陶，提高做人处世的资质，是一件长期的、永续的、不可疏淡的人生责任和义务。

正负观铭言

● 撒谎、抵赖、掩饰、耍滑、卖刁、欺骗、作奸、贪婪、阴鸷等劣迹必以臭名远扬、身败名裂告终。

● 言功绩喋喋不休，沾沾自喜，徒增其浅薄、偏狭、无知之名。

● 自以为是，唯我独尊，井底一蛙，坐井观天，人间耻话。

● 特权＋贪婪＋厚颜无耻＝妖魔。

● 仁人者所以多寿者，外无贪而内清净，心和平而不失中正，取天地之美而养其身。

● 拉帮结派，沆瀣一气，言不及义，庸俗无耻，作恶多端，任性非为，国之大耻，民之大敌。

● 蒙上欺下，狐假虎威，行为卑劣，最损

国家。

- 最无耻的是钻营拍马，追名逐利。

- 最可笑的是不学无术，自诩高明。

- 最不齿的是为官不正，为富不仁。

- 最痛心的是丧失公信，有令不行。

- 最危险的是道德沦亡，人格扫地。

- 最难堪的是贪腐成风，久治不愈。

- 为人最忌蛮横跋扈，不讲道理。

- 为人最忌满心妒嫉，满眼势利。

- 为人最忌庸人自扰，无事生非。

- 为人最忌对己卖弄，哗众宠己，对上吹捧。

- 为人最忌声色犬马，低下庸俗，纸醉金迷。

● 为人最忌当面一套，背后一套，两面三刀。

● 一句知心话，感人一辈子；一句刺心话，伤人一辈子。

● 勤俭持家传家宝，挥金如土败家子。

● 和颜悦色显正气，可亲可敬；粗声歹气无人味，可蠢可怜。

● 贪腐＋纵容放任＝n 个贪腐＝贪腐成风

● 贪腐＋包庇＝n 次方贪腐＝毁天

● 谨小慎微少是非，马虎搪塞祸不断。

● 忠厚传家久，诗书继世长。

● 正能压倒负能，正能量根深蒂固，负能量无地能容。

● 正能压倒负能，正能量浩气长存，负能量无处存身。

做好正能量的人

最本分的事是诚实守信，质朴厚重；
最可敬的事是勇于自律，心正身正；
最可贵的事是明在自知，无愧天地；
最难能的事是表里一致，实事求是；
最受用的事是俭开福源，奢起贪兆；
最纯洁的事是淡泊功名，无意利禄；
最自慰的事是自强不息，敬业乐群；
最睦和的事是亲望亲好，邻望邻好；
最跟心的事是尊爱群众，服务群众；
最在乎的事是紧贴民心，致力民生；
最舒心的事是将心比心，与人为善；
最可嘉的事是维护公平，主持正义；
最本源的事是道德内生，人格高洁；
最励志的事是勤读好书，择交诤友；

最欣慰的事是同心同德，和谐团结；
最赏心的事是乐于知足，知足常乐；
最可亲的事是平易近人，以理服人；
最自若的事是不诱于誉，不恐于诽；
最自持的事是拒绝浮躁，耐得寂寞；
最聪颖的事是博览精思，大度通达；
最仁义的事是己所不欲，勿施于人；
最浩气的事是有福民享，有难官挡；
最稳健的事是居安思危，戒奢以俭；
最自负的事是尽心尽责，鞠躬尽瘁；
最理性的事是穷不忘节，贵不忘道；
最明智的事是树德务滋，除恶务本；
最审慎的事是步步精神，脚脚踏实；
最大肚的事是忍让为上，削纠解结；
最高明的事是高瞻远瞩，防微杜渐；
最福祉的事是安全为重，生命至尊；
最崇高的事是志在为公，重在奉献；

最祈盼的事是风调雨顺，国泰民安；
最顺心的事是有令必行，有禁必止；
最殷鉴的事是舟水之喻，兴衰之理；
最着力的事是言必见行，行必见果。

坚持文化自信

文化自信是最基本、最深层、最具持久性质的自信，是亲切柔和、润物细无声的软实力。就本书每观的四字训颂而言，简洁凝炼，内涵隽永，经由细咀慢嚼，悉心品味，对以文化人、以文化心、砥砺情操、完善人格都拥有无穷大的力值，其主要表现力是：

首先，四字训颂具有语境辞意赏读的魅力。20世纪30年代有一位中学老师以阅读辞典为乐，家藏多种辞书，日常信手随机翻阅，逐步探索出一些读辞典的门道，特别爱上了三个字、四个字、五个字的佳言懿词，数十年如一日。这位老师深有体会地说："四、五个字的佳言懿词，便读易记，有不少好言好词有清心、明智、冶情、开朗、激越、鼓舞、奋发、传神、升华、舒坦和令人神往的魅力。"后来，这位教师自己成了一名操守高洁、学识渊博、德教双馨的优秀模范教师，更教出了一批有德有才的芬芳桃李。

诚然，面对当今出现的争权夺利、利欲熏心、拜金主义、贪腐邪恶、无信无义、盛气凌人、凶狠霸道等社会现象，使人格外感到高风亮节、平凡为人、布衣本色、正气凛然、圣洁善良、慈眉善目、忠肝义胆的亲切感和强烈追求，进一步认知为人之道四字训颂意境高洁的软实力。

其二，四字训颂有潜移默化的定力。事实表明，许多情操高洁、人格可嘉的人都受益于懿词训颂的长期反复精神熏陶：或直接、间接得益于《三字经》《千家诗》《诗经》的懿词训颂，或得益于家庭、亲朋好友、社会交往口口相传的懿词训颂，或得益于训颂语词的日常化、人文化。很多人已经从嘉言训颂的潜移默化中脱颖而出，用四字训颂来解读他（她）们的好人好事。记得媒体报导过一桩颇为感人的嘉言懿行：奚师傅是上海强生汽车公司的一位驾驶员，一次，一位女士坐上奚师傅的车去医院看病，车到医院，这位女士发现自己忘了带钱包，在身无分文的尴尬情况下，奚师傅不仅不急不慢地未收这位女士的车费，而且掏出了一百元给这位女士付就医的挂号费。对此，奚师傅说："本分做人，理应如此。""本分做人"、"理应如此"，正是奚师傅心里的两则为人之道四字训颂和实际践行。

之所以说四字训颂有潜移默化的定力，就是因为四字训颂是一种优质文化，具有提升人格高尚、为人正直、情绪乐观、意志坚实、见义勇为等文以化人的力值，更加显现急公好义、敬业乐群、知书达理、仁者风度、循规蹈矩、淡泊名利的自觉和定力，尽扫一切贪腐邪恶为非作歹的意念和行径。

其三，四字训颂有做好自己、端正自己的毅力。邻居家有兄妹三人和谐相处，但他（她）们发现三人各有自己的短处和弱点。为了进一步提升各自的品德，三人商量作出把人做好的决定：以四字训颂为导向调理各自的不足。大哥的主要弱点是名利心较重，应以重道自守、淡泊明志、安份守己四字自律；二妹的主要弱项是性急躁动，以宁静恬淡、慎思明辨、三思而行四字自制；小弟的主要弱项则是私心较重，则以厚人薄己、推己及人、豪放大气、磊落大方四字自励。兄妹三人依约而行，以各自的四字自律、互律，从而逐步做到内心自觉，行动见效。

说到以嘉言做好自己，端正自己的毅力，还得想到美国的一位政治家、科学发明家本杰明·富兰克林，为了自己的追求，他首先解剖自己，他对自己最为头痛的事是"自身弱项不时总会在无意中悄然而来，乘虚而入"。为此，他为自己制订了一个"做好自己工程"，要点是：（一）真心实意自觉为别人服务；（二）警惕自己的优越感，平等做人；（三）生活节俭朴素，不攀不比；（四）不断进取，不断探索，不断创造，不骄不满。根据他的要点译成四字训颂，则是：（一）胸罗宇宙，意境高远，古道热肠，厚人薄己；（二）心境祥和，不务声华，善良憨厚，平凡为人；（三）清心寡欲，平淡是真，淡泊名利，俭以养德；（四）锐意进取，排难制胜，不泥于古，立意高远，砥砺奋进，革故鼎新。富兰克林有了"做好自己工程"的目标，接着又建立了保证"工程"实现的制度，首先设置了一本"做好自己工程"专用记录本，按目标列出细目，每天检查考核，登入记录本，对没有做好或尚有欠缺的细目，标以黑点，警示自己注意改正，每周检查总结，查找原因，增强信心，严格整改，持之以恒。记录本上的黑点持续减少直至消失，富兰克林终于成为一位人格高尚、真诚廉朴、多有建树、德才俱优、深受尊爱的人。

其四，四字训颂践行的巨大传承力。从根本上说，"实践出真知"，由此衍化解读：嘉言源于嘉行，嘉行源于嘉思，嘉思源于嘉行。焦裕禄就是一位由他的一系列嘉行升华成为造福人民、感天动地的焦裕禄精神的典范。"我是你的儿子"、"吃别人嚼过的馍馍没味道"、"干部不领，水牛掉井"、"现在会占小便宜，长大了就会占大便宜"，焦裕禄这些质朴而意味深长的言行，可以看到他"心中装着全体人民，唯独没有他自己"、"甘为民子"、"为民除害"、"廉洁奉公"、"求真务实"、"胸怀大爱"、"克己奉公"、"民心至上"、"锦心绣腹"、"刻苦耐劳"、"鞠躬尽瘁"的崇高品格。一次，焦裕禄回家吃饭，妻子给他端来一碗米饭，那时米饭可是金贵的主食，这是县委因焦裕禄身体虚弱照顾的几斤米。焦裕禄知悉后，立马叫妻子把米退了回去。1963年夏，焦裕禄的女儿初中毕业，有些单位给她送来招工表，焦裕禄一一看过，对女儿说："这些单位你都不能去，刚出学校门，就进机关门，缺了劳动这门课。"并为女儿考虑了三项工作，一是在县委大院打扫卫生；二是去学理发，学门技术活；三是去当工人。后来女儿去了一家食品加工厂当上了腌咸菜和酿酱油的工人。

焦裕禄一生除了改变兰考多灾多难、民不聊生的贫困面貌的功绩外，就是在他身上彰显出来的几斤大米、单位招工等故事，与当今社会严重存在的享乐主义、特权主义、利己主义、形式主义形成鲜明对比，引人感慨系之。今天就是需要不遗余力地把好的品德训颂传承下来，代代相传，发扬光大。

结语一

品德重在熏陶

讲公讲平讲正义
讲诚讲实讲公信
讲德讲法讲规矩
讲俭讲朴讲清廉
讲勤讲劳讲担责
讲贫讲富讲平等
讲己讲人讲互敬
讲荣讲耻讲道义
讲仁讲义讲谐和
讲重讲轻讲平衡
讲道讲理讲品德
讲虚讲实讲心灵
讲幸讲福讲贡献
讲文讲化讲化人
讲正讲负讲熏陶

结语二

品德根植于精神生态

诚实守信，质朴厚重是最本分的精神生态；
勇于自律，心正身正是最自觉的精神生态；
表里一致，实事求是是最崇高的精神生态；
心怀群众，服务群众是最基本的精神生态；
维护公平，主持正义是最可嘉的精神生态；
心铭法纪，习法守法是最自若的精神生态；
道德内生，人格高洁是最根本的精神生态；
穷不忘节，贵不忘道是最理性的精神生态；
廉洁奉公，严治贪腐是最自负的精神生态；
尽心尽责，大度通达是最务本的精神生态；
同心同德，互尊互敬是最团结的精神生态；
高瞻远瞩，防微杜渐是最明智的精神生态；
有福民享，有难官挡是最仁民的精神生态；
勤于学习，善于思考是最聪颖的精神生态；
尊老抚幼，孝道为先是最人性的精神生态。